# BEI GRIN MACHT SICH IHR WISSEN BEZAHLT

- Wir veröffentlichen Ihre Hausarbeit,
  Bachelor- und Masterarbeit

- Ihr eigenes eBook und Buch -
  weltweit in allen wichtigen Shops

- Verdienen Sie an jedem Verkauf

Jetzt bei www.GRIN.com hochladen
und kostenlos publizieren

**Bibliografische Information der Deutschen Nationalbibliothek:**

Die Deutsche Bibliothek verzeichnet diese Publikation in der Deutschen National-bibliografie; detaillierte bibliografische Daten sind im Internet über http://dnb.d-nb.de/ abrufbar.



**Impressum:**

Copyright © 2018 GRIN Verlag
Druck und Bindung: Books on Demand GmbH, Norderstedt Germany
ISBN: 9783668803626

**Dieses Buch bei GRIN:**

https://www.grin.com/document/441716

Felix Busch

# Die Grenze zwischen Israel und Palästina. Sicherheitsmauer oder Apartheitsgrenze?

## Ein Unterrichtsentwurf für Geographie in der 12. Klasse

GRIN Verlag

Friedrich-Schiller- Universität Jena

SoSe 2018

Institut für Geographie


GEO 251 "Geographie- Didaktik II"


**Unterrichtsplanung zum Thema „Sicherheitsmauer oder Apartheitsgrenze?"**

**-Die Grenze zwischen Israel und Palästina-**

Hausarbeit


vorgelegt von:


Felix Busch

Geographie/Mathematik (LAG)

Semester: 4/4


Abgabedatum:

17.8.2018

**Inhalt**

I.      Abbildungen

# 1 Einleitung – Konfliktvorstellung zwischen Israel und Palästina

Der dieser Hausarbeit zu Grunde liegende Konflikt zwischen Israel und Palästina geht in der Geschichte bis in das Jahr 3000 v. Chr. zurück. Hierbei handelt es sich um einen Ressourcen- und Gebietskonflikt zwischen Juden und Arabern. Im Zentrum der Auseinandersetzung standen hier seit Beginn des Konfliktes, der von den Juden neu errichtete Staat Israel, sowie die arabischen Staaten, wie Libanon, Ägypten, Jordanien und Syrien, welche zuvor im Osmanischen Reich größtenteils inbegriffen waren. Um die Ausgangslage zu verstehen muss zunächst betrachtet werden, weshalb Araber und Juden Anspruch auf das Gebiet um Palästina erheben. 3000 - 2000 v. Chr. besiedelten sowohl gläubige Juden als auch Araber das Gebiet um Palästina und machten Jerusalem zu ihrem zentralen „Glaubensort" (JOHANNSEN 2009:9ff). Danach folgten einige Eroberungszüge, welche von beiden Seiten ausgingen und in der Geschichte signifikante Besitzverhältnisveränderungen hervorriefen. Seit 1517 gehörte Jerusalem zum osmanischen Reich und die jüdische Bevölkerung hatte somit keine Heimat mehr. Die Juden verteilten sich auf der ganzen Welt und waren sozusagen die einzige religiöse Gruppe, welche selbst keinen eigenen Staat vorzuweisen hatten. Als dann, vor Allem in Ost-Europa, sowie im Ersten und Zweiten Weltkrieg rund um das Deutsche Reich, die Judenverfolgung und -Vertreibung begann gründete sich Mitte des 19. Jahrhunderts die sogenannte zionistische Bewegung. Diese hatte als Ziel den jüdischen Minderheiten in verschiedenen Ländern der Erde das Recht auf einen eigenen Staat einzuräumen und so bezog man sich auf das vor fast 5000 Jahren besessene Gebiet rund um Palästina. Im Jahr 1887 wurde Palästina als „öffentlich- rechtlich gesicherte Heimatstätte" der Juden erklärt und sie ließen sich dort unter herben Protesten der arabischen Bevölkerung nieder und gründeten den Staat Israel (ebd.). Dieser wurde jedoch von den arabischen Staaten nicht als eigenständiges Land anerkannt und man begann sich gegenseitig zu bekriegen, um eigene Besitzansprüche deutlich zu machen. Der Konflikt wurde wiederum von den westlichen Staaten verschlimmert, indem England das Mandat für diese Krisenregion von der UN zugeschrieben bekam, um den Konflikt zu lösen. Das Problem hierbei war allerdings, dass England besonders die Juden unterstütze und den Palästinensern versprechen einräumte, die jedoch nicht eingehalten wurden. Somit kam es dazu, dass England das Mandat abtrat und der UN- Teilungsplan vollzogen wurde. Hierbei wurde der Staat Palästina zwischen Israel und den Arabern aufgeteilt, wobei die Grenze direkt durch das Glaubenszentrum Jerusalem verlief. Es folgten sechs Nah-Ost-Kriege, bei denen Israel aber größtenteils als Gewinner hervorging. Bis heute halten die Konflikte in diesem Gebiet an und so begann Israel mit dem Bau einer Mauer mitten durch Palästina im Jahr 2002 (MEYER 2007:o.S.). Von der israelischen Seite her dient die Mauer als Sicherheitsmauer vor den Arabern und Palästinensern, welche Ansprüche auf die israelischen Gebiete erheben. Von Seiten der Palästinenser steht diese Mauer eher für eine Apartheitsgrenze, da sie einerseits Israel und damit den jüdischen Staat nicht anerkennen und andererseits eine Abschottung durch die Juden vernehmen, welchen Apartheit gegenüber den Arabern somit vorgeworfen wird. Heutzutage wird der Konflikt durch einige extreme Terrorgruppen weitergeführt, welche häufig Anschläge auf Israel verüben. Währenddessen gibt es im unmittelbaren Grenzgebiet sehr strenge Kontrollen und durch die Grenze kommt es zur Trennungen von Familien und Problemen für die Bevölkerung Palästinas, ihre Arbeit, auf der von Israel besetzen Seite, auszuüben (JOHANNSEN 2009:9ff).

Auf dieses Thema bin ich aufmerksam geworden durch die, häufig in den Nachrichten angesprochenen, Selbstmordattentate, mit der extreme Gruppen meist Israel schaden wollen. Als übergeordnete Themen für diesen Konflikt zählen für mich die Schlagwörter: Apartheit, Fremdenfeindlichkeit, Flucht, Terror, Raum- und Ressourcenkonflikt, religiöse Disparitäten und Grenzziehung.

In Folgenden wird zunächst eine fachwissenschaftliche Einordung getroffen, bei der die verschiedenen geographischen Raumkonzepte auf dieses Thema bezogen werden. Danach folgen die didaktische Analyse, sowie das didaktisch Drehbuch, welches mit ausgewählten Materialien unterstützt werden soll. Diese didaktischen Entscheidungen werden dann noch verknüpft und begründet, bevor zum Schluss noch ein Fazit über die Unterrichtsgestaltung und das zu behandelnde Thema gezogen wird.


## 2 fachwissenschaftliche Einordung (Sachanalyse)

Die wichtigste Frage, die sich rein geographisch nun stellt, ist wie sich das Phänomen des Raumkonfliktes zwischen Israel und Palästina, vor dem Hintergrund verschiedener Raumkonzepte, fachwissenschaftlich aufschlüsseln lassen kann. Einerseits ist es von Bedeutung die objektive Beschaffenheit des Raumes besser beschreiben zu können und andererseits die Bedeutung für die verschiedenen gesellschaftlichen Akteure, hier Palästinenser und Israelis, sowie die internationalen Interessengruppen, nachvollziehen zu können (WADENGA 2002:8ff).

In Abbildung 1 kann man ein Fließdiagramm erkennen, welches den zu betrachtenden Konflikt bildlich beschreibt und mit dem folgenden Fließtext, über die Raumkonzepte und die gesellschaftlichen Leitbilder, detailliert erörtert wird.

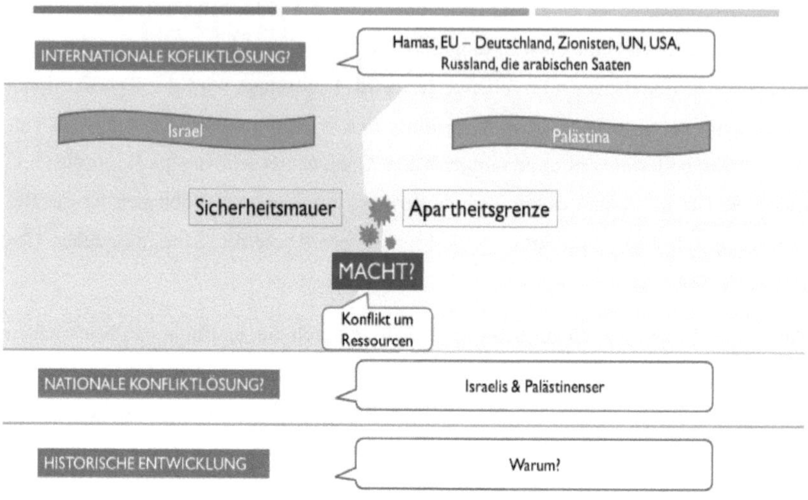


*Abbildung 1: Sachanalyse nach P. REUBER: eigene Darstellung*

Vor dem Hintergrund des ersten geographischen Raumkonzeptes, „dem Raum als Container" lässt sich zunächst beschreiben, wie Räume als „Wirkungsgefüge natürlicher und anthropogener Faktoren […], als Ergebnis von Prozessen interpretiert, die die Landschaft gestaltet haben, oder als Prozessfeld menschlicher Tätigkeiten" verstanden werden kann (WARDENGA 2002:2). Somit betrachtet man in diesem Falle die historische Entwicklung des Raumes, den Ressourcenkonflikt beziehungsweise die materielle Ausstattung Palästinas, die Akteure, welche vor Ort agieren, sowie die vorherrschenden realen Besitzverhältnisse, ohne, in irgendeiner Hinsicht, eine subjektive Betrachtung einfließen zu lassen. In diesem Raumkonflikt steht hierbei die historische Entwicklung im Vordergrund, denn man könnte ohne jene nicht verstehen, weshalb das jüdische Heimatland in diesem Gebiet existieren sollte. Durch diesen, schon Jahrtausende, anhaltenden Konflikt kann man auch verstehen, welche Akteure sich vor Ort gegenüberstehen. Auf der einen Seite sind dies die Juden in Ihrem Staat Israel, welche von den internationalen Interessengruppen, wie den Zionisten, der UN, den USA und auch Deutschland, unterstützt wurden und werden. Auf der anderen Seite gibt es die Palästinenser, welche von den arabischen Staaten mit muslimischen Glauben, sowie der ehemaligen Sowjetunion (heute Russland) Unterstützung erhalten haben. Zudem beschreibt diese

Betrachtungsweise den Konflikt um Ressourcen, wie den anhaltenden Wasserkonflikt. Hierbei werden die Ressourcen durch die vorhandene Mauer mehr oder weniger strikt getrennt. Somit beschreibt dieses Raumkonzept zwar die verschiedenen Akteure, die agieren, jedoch nicht die Interaktionen, die zur aktuellen Situation konkret geführt haben, bzw. welche aktuell von statten gehen und zum Mauerbau geführt haben. Es findet somit nur eine rein objektive Betrachtung der vorhanden und vergangen Besitzverhältnisse statt, jedoch können die Begriffe der Apartheitsgrenze und der Sicherheitsmauer keinesfalls nachvollzogen werden (siehe Abb. 1).

Räume als „System von Lagebeziehungen materieller Objekte" (DICKEL & SCHARVOGEL 2013 In: KANWISCHER 2013:61) bezeichnet das zweite Raumkonzept, welches zur Beschreibung der objektiven Beschaffenheit des Raumes dient. Hierbei wird darauf geachtet, wie sich die geographische Lage der beiden Konfliktparteien zueinander, in der Geschichte, verändert haben und wie weit diese heutzutage voneinander entfernt voneinander liegen. Hierbei wird deutlich, dass sich die Lageverhältnisse sehr stark verschoben haben. Während Juden und Araber zunächst beide jenes Gebiet um Palästina besiedelten, verstreuten sich die Juden daraufhin in nahezu der gesamten Welt, währenddessen befinden sich die Konfliktparteien seit 1871 wieder unmittelbar nebeneinander (JOHANNSEN 2009:9ff). In Abbildung 1 kann man diese unmittelbare Nähe dadurch erkennen, dass zu strikten Trennung beider Territorien eine Mauer notwendig scheint. Auch die Lage zu wichtigen Ressourcen, bzw. Handelswegen, zu denen beide Parteien Anspruch erheben, können mit Hilfe dieses Raumkonzeptes beschrieben werden. Hierbei wird in der Geschichte die Lage zum Wasser wichtig, welche eine wichtige Handelsstrecke darstellte und deren Zugang den Arabern verwehrt wurde. Für die Bevölkerung und die Situation in diesem Krisengebiet ist auch die Lage zur Mauer von enormer Bedeutung. Menschen, die in unmittelbarere Nähe zur Grenze leben, sind von Terroranschlägen häufig betroffener, als Menschen, die in größerer Distanz zum Nachbarstaat wohnen. Somit kann man bei diesem Raumkonzept erkennen, dass es im Vergleich zum Containerraum, einen Ort nicht isoliert betrachtet, sondern die räumliche Nähe zu anderen Gebieten ebenso als wichtiges Phänomen beschreibt (DICKEL & SCHARVOGEL 2013 In: KANWISCHER 2013:61). Insgesamt lässt sich sagen, dass man mit diesen beiden Raumkonzepten die materielle Verteilung zwischen beiden Gebieten, die historische Entwicklung, sowie die räumliche Nähe beschreiben kann. Beide Konzepte sind sinnvoll, um das Gebiet an sich zu betrachten und Probleme anhand der Lage zu verstehen. Jedoch werden somit keine sozialen Folgen und Handlungen nachvollzogen. Man kennt somit nicht alle Gründe für den Bau der Mauer, sowie für die beiden zentralen Begriffe im Fließdiagramm (Abb.1).

Um eine vollständige Betrachtung des Raumes und damit des Konflikts zu erhalten werden zwei weitere Betrachtungsweisen herangezogen. Die erste ist der Raum als Kategorie der Anschauung (WARDENGA 2002:2). Hierbei wird eine subjektive Betrachtungsweise der Menschen berücksichtigt und nicht nur wie zuvor eine objektive, materielle Betrachtung der räumlichen Konstruktion (DICKEL & SCHARVOGEL 2013 In: KANWISCHER 2013:61). Dadurch entsteht eine pluralisierte Wirklichkeit. Im zu behandelnden Fallbeispiel kann man so die verschwommene Grenze zwischen Israel und Palästina (Abb. 1) erklären. Diese verläuft nicht linear, sondern verschwimmt durch die verschiedenen Ansichten der beteiligten Parteien. Dies kann man in der Literatur auch an verschiedenen Karten erkennen. Die Grenze zwischen beiden Staaten verlaufen auf Karten Israels anders, als auf Karten, die arabischen Ursprung haben. Bei diesem Raumkonzept werden somit Wahrnehmungen in räumliche Begriffe eingeordnet (WARDENGA 2002: 6f). Es lässt sich erkennen, dass weder Raum noch Gesellschaft als wahrnehmungsunabhängige Konstanten aufgefasst werden können, da es zwar offiziell festgelegte Grenzen gibt, jedoch die Wirklichkeit vor Ort anders aussehen kann (ebd.). Dies lässt sich am Mauerbau Israels festhalten, da diese Grenzen von den unterschiedlichen Seiten verschieden angenommen werden (DÜRR 2005: 16).

Das letzte Raumkonzept ist der „Raum aus Perspektive seiner sozialen, technischen und politischen Konstruiertheit" (WARDENGA 2002: 6ff). Diese Perspektive knüpft gleich an die subjektive Betrachtung an, sie geht jedoch vor Allem davon aus, dass Räume dauerhaft verändert und konstruiert werden (DICKEL & SCHARVOGEL 2013 In: KANWISCHER 2013:61). Im Beispiel wird der Konfliktraum von israelischen Medien anders reproduziert als von arabischen Medien. Es werden somit verschiedenen Wirklichkeiten konstruiert. Wenn man somit im Unterricht dieses Thema besprechen möchte, sollte man beide Perspektiven betrachten, um sich am Ende eine objektive Meinung bilden zu können und trotzdem die Wahrnehmung verschiedener Interessengruppen zu kennen. Auch durch die Politik, im Beispiel durch die internationalen Interessengruppen, welche zuvor genannt wurden, werden, durch verschieden Ansichten, Wirklichkeiten auf der ganzen Welt, über jenes Thema, erzeugt (DICKEL & SCHARVOGEL 2013 In: KANWISCHER 2013:62).

Wenn man sich nun alle vier Raumkonzepte gebündelt anschaut, dann kann man ein multiperspektivisches Verständnis über den Konflikt entwickeln. Nur mit allen Raumkonzepten ist es möglich das Fließdiagramm erklären zu können. Aus der Geschichte, den Lagebeziehungen, der subjektiven Wahrnehmung und der Reproduktion in Medien kann man sich nun erklären weshalb die Begriffe Apartheitsmauer und Sicherheitswall die zentralen Begriffe sind und weshalb es sich zum größten Teil um einen Ressourcenkonflikt handelt, der in Fremdenfeindlichkeit und kriegerische Aktivitäten ausgeartet ist. Zentral spielt hier natürlich der Begriff Macht eine wichtige Rolle, da man nur mit einer gewissen Macht die geforderten Ressourcen erobern oder verteidigen kann. Diese zentralen Begrifflichkeiten spielten in der Geschichte, sowie heute eine zentrale Rolle. Ungehört blieben hierbei allerdings Normen, wie Freiheit, Gleichheit, Brüderlichkeit und auch die Völkerrechte werden und wurden über lange Zeit verletzt. Wie sich die Wichtigkeit dieser Begriffe in Zukunft entwickeln wird kann man schlecht voraussagen, jedoch bleibt einem bei diesem Konflikt das Gefühl, dass sich durch aktuelle terroristische Aktivitäten und den Mauerbau keine signifikanten Veränderungen einstellen werden, solange man sich gegenseitig nicht akzeptiert und Frieden schließt.

Man kann bei dieser Sachanalyse erkennen, dass es sich insgesamt um ein Raum- Ressourcen- und Machtkonflikt handelt, wie er von REUBER thematisiert wird. Alle von ihm benannten Strukturen werden hierbei aufgeschlüsselt und berücksichtigt. Es werden das Machtpotenzial einzelner Akteure, deren individuellen Interessen und Ziele, deren Strategien, die gegeben Rahmenbedingungen und die „Spielregeln" oder Strukturen untersucht. Durch diese „räumliche Perspektive" sozialer Prozesse wird Geographie zu einem Prozess, „Geographie wird gemacht" (REUBER 2016:109ff). Es wird somit deutlich, dass Menschen stets nach Nutzen handeln und Macht durch gesellschaftliche Prozesse gesteuert wird. Für den Prozess des „Geographie machens" ist es von enormer Bedeutung hierbei Handlungsstrukturen zu erkennen und nachvollziehen zu können, welche jedoch niemals als allgemeingültige Muster, sondern als situationsspezifische Reaktionen und Prozesse angesehen werden müssen (grand theory). Ebenso kann man erkennen, dass geographische Raumkonflikte niemals losgelöst von sozialen und politischen Strukturen betrachtet werden kann. Somit bietet der, der Arbeit zu Grunde legende Konflikt ausreichend didaktisches Potential für den Geographieunterricht.

## 3  didaktisches Potential (didaktische Analyse)

Man kann dieses Thema auf der einen Seite multiperspektivisch, d.h. aus der Sicht der Israelis, der Palästinenser, der anderen arabischen Staaten, der Zionisten und anderer europäischer Akteure, betrachten. Dies kann im Bereich des emanzipatorischen Vermittlungsinteresses angesiedelt werden, da hierbei nach „Alternativen und Widersprüchen gefahndet wird" (SCHARVOGEL 2013 In: KANWISCHER 2013:192). Dadurch könnte eine gute Diskussionsrunde entstehen, wenn man die vorgegebenen Materialien so wählt, dass sie jeweils aus der subjektiven Perspektive der einzelnen Akteure verfasst wurden. Wenn man sich explizit auf die Meinungen aus Erfahrungsberichten oder Interviews bezieht kann man dies jedoch auch auf das praktische Vermittlungsinteresse eingrenzen. Mit den beiden genannten Arten der Vermittlung erfüllt der Lehrende das Kontroversitätsgebot, welches im Beutelsbacher Konsens als zentrale Forderung an die Lehrkraft festgelegt wurde (WEHLING 1977 In: SCHIELE & SCHNEIDER 1977: 179f & MAY 2016: 233ff). Hierbei sollten die Lernenden auf einige Unstimmigkeiten stoßen. Schon wenn sie sich die Karten anschauen sollten sie feststellen, dass die Grenzen unterschiedlich dargestellt werden, je nach dem aus welcher Perspektive die Karte dargestellt wurde. Auf der anderen Seite bietet sich auch ein Lehrervortrag oder eine selbstständige Ausarbeitung bezüglich der Geschichte, also ein lineares Vermittlungsinteresse (kein reflektiertes Vermittlungsinteresse) an (SCHARVOGEL 2013 In: KANWISCHER 2013:192). Stellt man die heutige Situation in diesem Gebiet dar, muss man betrachten, weshalb beide lokalen Akteure Anspruch auf das Gebiet Palästinas erheben. Wenn man diesen kausalen Zusammenhang im Unterricht herstellt, geht dies über das nicht reflektierte Vermittlungsinteresse hinaus und der Lehrende wendet sich dem technischen Vermittlungsinteresse zu. Dies scheint auch durch die Betrachtung der Geschichte, welche die heutige Situation größtenteils erklären kann, sinnvoller zu sein, als ein nicht reflektiertes, lineares Vermittlungsinteresse. Somit würde ich dieses nicht reflektierte Vermittlungsinteresse größtenteils ausschließen bzw. es auf höchstens eine Aufgabenstellung begrenzen (ebd.). Meiner Meinung nach ist dieser Konflikt so komplex, dass man ihn auf viele alltägliche Probleme beziehen kann. Die Schüler- und Schülerinnen (im Folgenden mit SuS abgekürzt) können an diesem Beispiel erkennen, wie weitgehend sich eine gewisse Fremdenfeindlichkeit auf das Leben vieler Menschen auswirken kann. Außerdem lässt sich schlussfolgern, dass Menschen und deren Nationen Macht stehts durch Landbesitz ausdrücken und kriegerische Aktivitäten ausgeübt werden um diese Macht zu erweitern. Erstaunlich zu sehen ist, dass die kriegerischen Handlungen meist von arabischer Seite ausgingen und diese stets Land- und damit Machtverluste zu verzeichnen hatten. Dies sollte den SuS nahegelegt werden, damit sie für ihr späteres Leben, sei es privat oder im Job, erkennen, dass sich gewaltvolle Machterweiterungen oft nicht bezahlt machen, sondern nur Schaden für die Menschen im näheren Umfeld mit sich bringen. Wichtig ist es jedoch, dass die Lehrer- und Lehrerinnen (im Folgenden mit LuL abgekürzt) den SuS die Freiheit gewähren selbst zu dieser Einsicht zu gelangen. Somit würden die LuL das Überwältigungsverbot, welches ebenso im Beutelsbacher Konsens 1976 festgehalten wurde, einhalten (WEHLING 1977 In: SCHIELE & SCHNEIDER 1977: 179f). Herausfordernd wird es für die Lernenden sein, den Themenkomplex in seinem ganzen Umfang zu erfassen. Dies liegt daran, dass der Konflikt seit Jahrtausenden anhält, viele Besitzverhältnisveränderungen mit sich bringt und mehrere Konfliktpunkte (Religion, Ressourcen, Macht, Zugang zu Handelswegen etc.) vorhanden sind, die sich jeweils gegenseitig beeinflussen (JOHANNSEN 2009:9ff). Das Ziel muss sein diesen umfangreichen Komplex so zu erfassen, dass man bezüglich der erbauten Mauer die Begriffe Apartheitsgrenze und Sicherheitsmauer, aus der jeweiligen Perspektive, nachvollziehen kann. Es werden sich den SuS einige Fragen stellen, um das für sie unverständliche und erstaunliche zu begreifen. Fragen hierbei könnten sein: Warum erbaut Israel die Mauer und nicht die Palästinenser, um sich zu schützen?, weshalb können beide Nationen nicht in Frieden leben und sich die vorhandenen Ressourcen teilen? , Warum gibt heutzutage noch Raketenangriffe und Terroranschläge von unmittelbar benachbarten Ländern ausgehend? , warum haben es die europäischen Großmächte, sowie die USA mit ihren großen Einfluss nicht geschafft den Konflikt zu lösen, sondern haben ihn sogar noch angeheizt? und warum verloren die arabischen Staaten so viele Kriege gegen Israel, obwohl sie deutlich in Überzahl waren? und so weiter. Über einige dieser Fragen wird am Ende der Unterrichteinheit vermutlich jeder Schüler ein eigenes Bild haben, da viele Fragen aus subjektiven Erfahrungsberichten unterschiedliche Antworten zugeordnet werden können.

Im Folgenden soll eine Didaktisierung vorgenommen werden, also eine konkrete Unterrichtplanung, um Ziele, Aufgaben, Materialien und Erwartungshorizonte darzustellen, mit denen diese Fragen und Gedanken größtenteils beantwortet werden können.

## 4 Didaktisierung (didaktisches Drehbuch)

Die Folgende geplante Unterrichtssequenz soll einen Umfang von circa 7 Unterrichtsstunden einnehmen und sollte in Klassenstufe 12 behandelt werden, da dort das Thema „Natürliche Ressourcen und Konflikte" im Lehrplan vorgesehen ist. Besonders praktikabel könnte das Thema sein, wenn es mit dem Geschichtsunterricht und der Judenverfolgung im Zweiten Weltkrieg im unmittelbaren Zusammenhang stände. Den SuS würde sich die Frage stellen was aus den überlebenden Juden geworden ist und wo sie sich niedergelassen haben (THÜRINGER MINISTERIUM FÜR BILDUNG, WIRTSCHAFT UND KULTUR 2012:25). In Abbildung 2 kann man erkennen, wie sich der Unterrichtsverlauf grob gliedern soll und wie dabei der „Spannungsbogen" verläuft. Die folgende Beschreibung des Unterrichtsverlaufs wird sich an der vorliegenden Abbildung orientieren. Danach werden drei Schlüsselstellen ausgewählt, welche explizit betrachtet werden und zu denen im Anhang Material, Aufgaben und Erwartungshorizonte vorhanden sein werden.

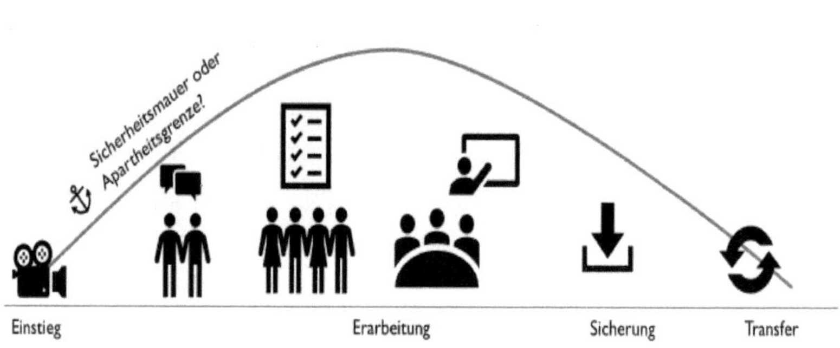



*Abbildung 2: Unterrichtsdramaturgie: eigene Darstellung*

Der Einstieg in die Unterrichteinheit soll mit Hilfe eines Videos erfolgen. Die SuS werden hierbei „in's kalte Wasser geworfen", da sie zuvor nicht wissen, um welche Konfliktregion es sich handelt. Auf dem Video sehen die Lernenden eine Grenze mit vielen Soldaten. Hierbei wird das Geschehen zweigeteilt, denn zunächst sehen sie zwei Männer mit einer Schulklasse, welche sich scheinbar mit den Soldaten anlegen und auch von ihnen beleidigt werden und die Grenze nicht passieren dürfen. Im zweiten Teil sieht man einen Jungen, welcher auf dem Heimweg ist und sein Haus liegt unmittelbar von ihm entfernt. Auf einmal kommen mehrere Soldaten auf ihn zu und schupsen ihn herum. Erst als sie bemerken, dass sie gefilmt werden hören sie damit auf. Der Junge scheint verängstigt zu sein und passiert das Gebiet erst nach langer Zeit. Die Aufgabe der SuS liegt hierbei darin, dass sie sich zunächst in die Lage der Personen versetzen sollen und deren Gefühle beschreiben sollen. Diese sollten anschließend innerhalb des Klassenverbandes diskutiert werden. Die zweite Aufgabe soll es sein, dass die SuS in einem Mindmap an der Tafel alle Fragen, die ihnen zu diesem Video einfallen, aufschreiben. Das folgende Mindmap soll dazu dienen, dass es im Verlauf der Erarbeitungsphasen im Unterricht chronologisch abgearbeitet wird und so der Unterrichtsplanung in Abbildung 2 entspricht.

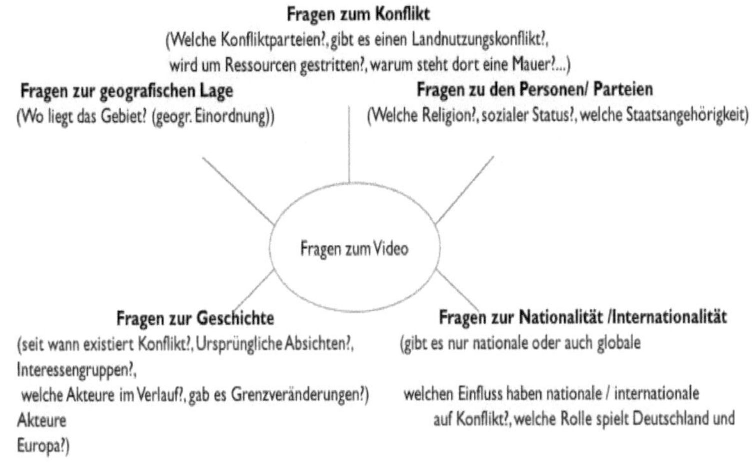


*Abbildung 3: Fragen zum Video: eigene Darstellung*

In Abbildung 3 kann man das Mindmap erkennen, welches zur Abarbeitung dienen soll. Zunächst wird in der Erarbeitungsphase damit begonnen die Fragen zur geographischen Lage zu klären, danach folgt der geschichtliche Hintergrund, da dieser von enormer Bedeutung für den aktuellen Konflikt angesehen wird. Danach werden die Fragen zum Konflikt abgearbeitet, ehe im letzten Themenkomplex die Fragen zu den Personen und Parteien, sowie zur Nationalität und Internationalität gebündelt diskutiert werden. Zwischendurch erfolgen jeweils Aufgaben zur Ergebnissicherung, ehe am Ende durch eine Karikatur die Endsicherung und eine Art Transfer vollzogen werden, wie es in Abbildung 2 ersichtlich wird.

Zu Beginn der Erarbeitung wird den SuS ein kurzer Lehrervortrag zu den geographischen Daten gehalten, welcher mit Hilfe einer Folie festgehalten wird. Danach erfolgt eine Einzel- oder Partnerarbeit, bei der die SuS einen kurzen, selbst zusammengefassten Text zu Geschichte des Gebietes erhalten und daraus einen Zeitstrahl (M2) entwickeln sollen, welcher als Hausaufgabe beendet werden muss, falls es im Unterricht nicht ge-schafft wurde. Für die Erarbeitung der Geschichte bekommen die SuS 30 – 45 Minuten Zeit (M1). Hierbei soll der zuvor erwähnte Zeitstrahl (M2) erstellt werden, welcher im Nachhinein verglichen wird. In der nächsten Unterrichtsfrequenz wird dieser dann ver-glichen und die wichtigsten Ereignisse werden herausgestellt. Um dieses Wissen zu festigen bekommen die SuS mit Aufgabe 3 eine weitere kleine Hausaufgabe. Bei dieser sehen sie vier verschiedene Karten, bei denen deutlich wird welches Gebiet wem gehört, im zeitlichen Verlauf seit dem ersten Nahost- Krieg. Sie sollen diese Besitzverhältnis-veränderungen anhand der angeeigneten geschichtlichen Hintergründe begründen. Da-nach werden die zentralen Fragen zum Konflikt bearbeitet. Hier sollen sich die SuS in Gruppen von vier bis sechs Personen zusammenfinden, wobei es zwei verschiedene Stationen gibt, welche je dreimal vorhanden sind. Station 1 (M3) handelt vom Wasser-konflikt, hierbei müssen die SuS die erlernten Fakten über die naturräumliche und geo-graphische Lage aus dem Lehrervortrag zu Beginn anwenden und sich mit einer wirt-schaftlichen Karte (vgl. M4) auseinandersetzen. Die erste Aufgabe lautet: „Beschreibt die wirtschaftliche Verteilung unter den Aspekten der naturräumlichen geographischen Lage, des Klimas, der Bodenverhältnisse und der Zufuhr von Wasser" (vgl M3). Des Weiteren soll sich in dieser Aufgabe mit einem Zitat auseinandergesetzt werden (vgl. M3). Der Erwartungshorizont für diese Station ist so ausgelegt, das erwartet wird, dass die SuS mindestens 80 % der veranschlagten Erkenntnisse erreichen sollten. Anschlie-ßend werden die Ergebnisse jeder Gruppe zusammengetragen, sodass am Ende jeder Lernende alle geforderten Schwerpunkte in seinen Aufzeichnungen finden kann (vgl M5- Erwartungshorizont). Die zweite Station dieser Gruppenarbeit beschäftigt sich mit dem Konflikt um Territorien, speziell mit den Rechten palästinensischer Flüchtlinge und den zionistischen Siedlern und deren Gründen für die Ansiedlung (M6). Hierbei handelt es ich um relativ einfache und kurze Texte (vgl. M7 & M8), deshalb wird von den SuS auch erwartet, dass sie alle Informationen herausarbeiten können (vgl. M9). Aus diesem Grund und weil grundlegende Kenntnisse zu Station 2 schon aus der Ge-schichte bekannt sind, wird bei der Auswertung der Aufgaben im Unterricht mehr Wert auf die erste Station gelegt. In Aufgabe 5 bekommen die SuS zwei Texte mit jeweils einem Diagramm, bei denen es um Terrorismus geht. Diese Aufgabe wird in Partnerar-beit bearbeitet, wobei ein Text aus palästinensischer und einer aus israelischer Sicht geschrieben wurde. Die Texte und Diagramme sollen zunächst miteinander, anhand spezieller Kriterien, verglichen und Unterschiede sollen herausgearbeitet werden, wel-che in der Folge im Plenum besprochen werden. Außerdem gilt es für die SuS Gründe und Folgen des Terrorismus darzulegen. Die internationalen und nationalen Konflikt-parteien werden mit einem Rollenspiel im Unterricht behandelt. Hierbei schreiben sie SuS alle möglichen Akteure, die für den Konflikt von Bedeutung sind, an die Tafel (vgl. M10). Wenn alle gesammelt sind wird vorgegeben, dass Deutschland, Israel und Palästina als Parteien besetzt werden müssen. Drei bis vier weitere Parteien können selbst-ständig ausgewählt werden, sodass es sechs bis sieben Gruppen und einen Moderator gibt. Der Moderator erarbeitet, in der Zeit, indem sich die SuS mit Ihrer Rolle befassen, vier Thesen zum Konflikt aus einem Thesenkatalog, die er an die Tafel schreibt (vgl. M12). Zu jeder Partei gibt es Rollenkarten, die die SuS nachträglich an das Rollenspiel, als Kopie, ausgehändigt bekommen (vgl. M11). Es geht dabei darum, wie jeder einzelne Akteur die Grenze zwischen Israel und Palästina betrachtet. Anschließend werden die Thesen im Rollenspiel diskutiert und es werden Probleme und Lösungsvorschläge her-ausgearbeitet. Diese Lösungen beruhen auf der subjektiven Betrachtungsweise der SuS. Am Ende der 30- minütigen Diskussion fasst die Lehrkraft die entstanden Lösungen nochmals zusammen. Diese Aufgabe ist für die Lehrkraft ziemlich komplex herauszu-arbeiten, da zu jedem möglichen Akteur Material herausgearbeitet werden muss, um das Rollensiel gestalten zu können. In Material M11 wird Material zu jedem einzelnen Ak-teur (vgl. M10) zur Verfügung gestellt. Die Fragen zum Konflikt, sowie das Darstellen der Konfliktparteien kann kaum voneinander getrennt werden, weshalb dies als eine zusammenhängende Schlüsselstelle angesehen wird. In Material 12 (vgl. M12) kann man das Thesenpapier erkennen, aus dem sich der Moderator, die vier, für ihn am inte-ressantesten, Thesen heraussuchen kann und diese dann an die Tafel schreibt. Zum Ab-schluss wird den SuS in Aufgabe 7 eine Karikatur vorgesetzt, mit der sie das gesamte erlernte sichern sollen (vgl. M13). Zunächst sollen die SuS hierbei beschreiben was zu sehen ist, danach soll unter Betrachtung der Leitfrage: „Sicherheitswall oder Apar-theitsmauer" diese Karikatur interpretiert werden. Hierbei wird sowohl Bezug auf die Akteure, die Geschichte, den Konfliktgegenstand, sowie den Terrorismus genommen (vgl. M14). Damit ist die in Abbildung 2 vorgegebene Unterrichtplanung abgeschlos-sen.

Die drei Schlüsselstellen in der gegebenen Unterrichtsplanung sind die Erarbeitung der Geschichte, um den heutigen Konflikt zu verstehen, die Stationsarbeit rund um die Fra-gen zum Konflikt, welche grundlegendes Wissen zu den wichtigsten Konfliktparteien beinhaltet, sowie die Karikatur zur Ergebnissicherung.

## 5 Begründung zentraler didaktischer Entscheidungen (Begründung des Ablaufs)

Zu Beginn der Unterrichtseinheiten steigen die SuS in das, ihnen unbekannte Thema, mit einem Video ein. Hierbei sollen sie ihre subjektive Perspektive bezüglich ihrer Gefühle, Normen, Werte und eigener Erfahrungen wiedergeben. Dieser Einstieg eignet sich für dieses Thema optimal, da sie sich selbst in die Lage der Jugendlichen im Video versetzen können und somit ihre eigene natürliche Entwicklung ein Stück weit, in Bezug auf den Israel- Palästina Konflikt reflektieren, wie es nach WINKLER 2016:57ff in einer Unterrichtseinheit gefordert werden soll. Hierbei steht ebenfalls ein praktisches Vermittlungsinteresse, als Einstieg zum Thema, im Vordergrund (SCHARVOGEL 2013:60ff). Danach sollen, die von den SuS, gestellten Fragen abgearbeitet werden. Da jeder Lernende hierbei seine eigenen Fragen einfließen lassen kann und diese in übergeordnete Themen aufgeteilt werden, werden sich die SuS für die folgenden Unterrichtsstunden sehr interessieren, da die LuL auf ihre Interessen eingehen. Der erste Punkt, der hierbei abgearbeitet wird, sind die Fragen zur geografischen Lage und allgemeinen Fakten. Dies wird als Lehrervortrag, also einem nicht reflektierenden Vermittlungsinteresse geschehen (SCHARVOGEL 2013:60ff). Die Aufgabe für die SuS besteht hierbei nur darin dem Lehrenden zuzuhören und wichtige Stichpunkte mitzuschreiben, dementsprechend Anforderungsbereich I. Somit erfolgte der Einstieg in die Thematik mit einer einfachen Aufgabe, um das Niveau im Verlauf steigern zu können. Des Weiteren ist es für den Konflikt von enormer Bedeutung die Geschichte des Gebietes, sowie beider Konfliktparteien zu kennen, um den heutigen Konflikt nachvollziehen zu können. Hierbei sollen die SuS aus einem, vom Lehrenden selbst zusammengefassten Text, einen Zeitstrahl mit den wichtigsten Ereignissen zusammenstellen. Da die SuS die Geschuichte hierbei veranschaulicht darstellen, befindet sich diese Aufgabe in Anforderungsbereich II, einer Steigerung zu den vorangegangenen Aufgaben. Hierbei werden kausale Zusammenhänge durch die SuS selbstständig hergestellt, die der Lehrende mit seinem selbst zusammengefassten Text in eine gewisse Richtung lenkt, also eine klare Hierarchie zwischen Lernenden und Lehrenden erkennbar bleibt. Hierbei handelt es sich nach SCHARVOGEL um ein technisches Vermittlungsinteresse (SCHARVOGEL 2013:60ff). Im Anschluss wird eine Hausaufgabe gestellt, mit deren Hilfe das geschichtliche Wissen gefestigt werden soll. Es werden dafür 4 Karten vorgegeben, anhand denen die SuS die Besitzverhältnisveränderungen durch die Geschichte belegen sollen. Hierbei wird der Anforderungsbereich zu vorhergehenden Aufgabe nicht verändert, da Unterschieden und Gemeinsamkeiten vor benachbarten Karte festgestellt werden müssen und die Veränderungen erläutert werden müssen. Nachdem nun ein gewisses Grundgerüst für jeden gelegt wurde, kann man sich dem spezifischen Konflikt und den verschiedenen Sichtweisen zuwenden. Begonnen wird hierbei mit den Fragen zum Konflikt, bei der die Konfliktparteien zunächst herausgearbeitet werden sollen, welche jedoch erst später genauer betrachtet werden. Wenn man dieses Themengebiet abgearbeitet hat, dann ist die Sachanalyse auf den ersten Blick erst einmal vollständig behandelt, jedoch können nur durch die subjektiven Beziehungen die zentralen Begriffe behandelt werden. In dieser Phase der Erarbeitung sollen die SuS, mittels einer Gruppenarbeit, als Subjekte mehr in den Mittelpunkt des Geschehens rücken (praktisches Vermittlungsinteresse) und die Lehrkraft gibt ein wenig mehr (kontrolliert) „das Heft aus der Hand" (SCHARVOGEL 2013:61f). Es gibt zwei Stationen, die von verschiedenen Gruppen bearbeitet werden, damit die Ergebnisse am Ende verglichen werden können. Durch den Wechsel der Sozialform von Einzel- zur Gruppenarbeit soll ein wenig Abwechslung geschaffen werden, damit die Schüler motivierter mitarbeiten. Die Aufgaben hierbei liegen zwischen Anforderungsbereich I bis II, um niemanden zu über bzw. zu unterfordern. Anforderungsniveau III wird hierbei nicht verwendet, da die SuS größtenteils selbstständig arbeiten und dies zu vielen Fehlern führen könnte. Um die aktuelle Präsenz des Themas in den Unterricht einzubinden folgen danach Aufgaben zum Terrorismus. Hierbei werden zwei Zeitungsartikel zur Verfügung gestellt, welche aus verschiedenen, kontroversen, Sichtweisen geschrieben wurden. Hierbei sollen die SuS diese zunächst tabellarisch miteinander vergleichen, wobei sie eigene Vergleichskriterien finden. Diese Aufgabe entspricht Anforderungsbereich II, da verglichen wird. Hierbei wird versucht, dass der Konflikt nicht einseitig betrachtet wird und „blinden Flecken" herausgefiltert werden (RHODE-JÜCHTERN & SCHNEIDER 2012:59ff). Diese Arbeit der SuS geht zudem über das praktische Vermittlungsinteresse hinaus, da nach Widersprüchen explizit gefragt wird (emanzipatorisches Vermittlungsinteresse) (SCHARVOGEL 2013:61f). In der zweiten Aufgabe zum Terrorismus müssen die SuS in Partnerarbeit zum ersten Mal eine Aufgabe aus Anforderungsbereich III lösen. Dies wird möglich da die Ergebnisse am Ende im Plenum besprochen werden, wobei die Lehrkraft ein steuerndes Element einnimmt. Die Lernenden müssen Folgen der terroristischen Auseinandersetzungen erörtern, wobei ihnen ebenfalls je ein Text und Diagramm aus palästinensischer und israelischer Sicht vorliegt. Somit erfolgt hierbei wieder eine multi-perspektivische Vermittlung des Ressourcenkonfliktes. Im Vorletzten Teil des Themenkomplexes wird auf die einzelnen Konfliktparteien, sowie auf die zuvor gestellten Fragen zur Nationalität und Internationalität eingegangen. Hierbei sollen sich die SuS zunächst alle möglichen Parteien, die einen direkten Bezug zur Mauer zwischen Israel und Palästina haben, überlegen. Diese werden dann mit Hilfe eines Mindmaps an der Tafel gesammelt. Dies entspricht zunächst Anforderungsbereich I, damit die SuS einfach in die sehr komplexe Situation reingeführt werden. Um sicherzustellen, dass die SuS die Meinungen zu der Mauer mehrperspektivisch betrachten, werden von der Lehrperson die Parteien Deutschland, Israel und Palästina, für das folgende Rollenspiel, vorgegeben. Bei diesem Rollenspiel wird die Sozialform der Gruppenarbeit verwendet, damit die Rollenkarten zu jedem Akteur innerhalb der Gruppe jeweils diskutiert werden. Diese Gruppen sollen aus sechs bis sieben Personen, je nach Klassenstärke, bestehen. Des Weiteren gibt es eine Gruppe aus zwei bis drei Personen, welche die Rolle des neutralen Moderators einnehmen. Diese sollen sich aus einem Thesenpapier vier Thesen heraussuchen, während sich die anderen Gruppen mit den Texten zu ihrer Rolle beschäftigen. Beim anschließenden Rollenspiel wird von jeder Gruppe eine Person gewählt, die die Position des gewählten Akteurs vertritt und in diese Rolle „hinein schlüpft". Diskutiert werden hierbei die Thesen, die der Moderator festgelegt hat. Zudem soll der Moderator die Diskussion am Laufen halten und kritische Fragen bzgl. der Thesen stellen. Hierbei wird ein emanzipatorisches Vermittlungsinteresse deutlich, da nach allen möglichen alternativen Sichtweisen gefragt wird und der Lernende als Subjekt im Mittelpunkt steht (SCHARVOGEL 2018:61f). Am Ende sollen die Ziele und Lösungen zum Mauerkonflikt jeder Partei deutlich werden. Hierbei lässt sich die Lehrperson darauf ein, dass es nicht lösbare Problemfelder geben könnte, was ebenfalls einem emanzipatorischen Vermittlungsinteresse entspricht (ebd.). Die Anforderungen hierbei sind vor Allem problemlösendes Denken der SuS, was dem Anforderungsbereich III entspricht. Außerdem wird beui dieser Aufgabe klar, dass eine objektive Betrachtung des Konfliktes schwer, bzw. nicht möglich ist, da immer die jeweilige eigene Perspektive mit hineinspielt, sei es von den Parteien oder von den SuS als Privatpersonen (RHODE-JÜCHTERN & SCHNEIDER 2012:59ff). Durch dieses Rollenspiel werden somit alle möglichen Sichtweisen abgedeckt, sodass die SuS einen Blick auf diesen Konflikt bekommen, welcher multiperspektivisch ist und keine blinden Flecken mehr aufweist. Die Lehrperson hält hierbei das Kontroversitätsgebot, durch die vielen Sichtweisen der Akteure, sowie das Überwältigungsverbot, dadurch, dass sich die SuS eine eigene Meinung bilden können, ein (MAY 2016:233ff). In der letzten Aufgabe geht es darum, dass das Gelernte auf eine Karikatur angewandt und somit ein Stück weit transferiert wird. Die SuS sollen die vorgegebene Karikatur beschreiben und auf die zentralen Begriffe Apartheitsmauer und Sicherheitswall eingehen. Somit wird vom Lehrenden ein Bogen zum Ausgangspunkt gespannt und die Unterrichtssequenz wird abgerundet. Diese Karikatur zu verwenden ist sinnvoll, da hier alle Punkte, welche durch die Sachanalyse gegeben sind, aufgegriffen werden. Es wird auf die einzelnen Parteien, den Terrorismus, die internationalen Interessengruppen, auf die zentralen Begriffe und auf die Mauer Bezug genommen. Diese Aufgabe soll in einer offenen Unterrichtsform gestaltet werden, indem sich jeder, mit einer Meldung, zu Wort melden kann. Hierbei steht ein technisches Vermittlungsinteresse der Lehrkraft im Vordergrund, da kausale Zusammenhänge, über alle Stunden des behandelten Themas, hergestellt werden (SCHARVOGEL 2018:60f). Hierbei können die SuS ihre „eigene seelische Konstruktion" bezüglich dieses Themas mit einfließen lassen, indem sie ihre eigenen Gedanken, vielleicht auch Schuldzuweisungen, mit einfließen lassen (WINKLER 2016:57ff). Diese Aufgabe enthält alle Anforderungsbereiche und es wird vom einfachen zum schwierigen untergliedert. Zunächst wird nur beschrieben, was auf der Karikatur zu sehen ist, danach folgt der Bezug auf geschichtliche, terroristische etc. Hintergründe und zum Schluss muss dies als Gesamtbild interpretiert werden (Anforderungsbereich III). Nach dieser Aufgabe ist das Thema abgeschlossen. Für offene Fragen der SuS steht die Lehrperson im Anschluss der letzten Stunde bereit, da dieser Konflikt auf viele andere Beispiele transferiert werden kann, was jedoch bzgl. des Lehrplans für die 12. Klasse zu komplex und zeitraubend ist (THÜRINGER MINISTERIUM FÜR BILDUNG, WIRTSCHAFT UND KULTUR 2012:o.S.).

**Literatur**

DICKEL, M. & M. SCHARVOGEL (2013): Räumliches Denken im Geographieunterricht. In: KANWISCHER, D. (Hrsg.): Geographiedidaktik. Ein Arbeitsbuch zur Gestaltung des Geographieunterrichts. Stuttgart: Gebrüder Borntraeger, 60- 62

DÜRR, H. (2005): Sicherheitswall oder Apartheitsmauer? In: Praxis Geographie Nr.3.

JOHANNSEN, M. (2009$^2$): Der Nahost- Konflikt. Wiesbaden: Verlag für Sozialwissenschaften.

MAY, M. (2016): Die unscharfen Grenzen des Kontroversitätsgebotes und des Überwältigungsverbotes. In: WIDMAIER, P. & P. ZORN (Hrsg.): Brauchen wir den Beutelsbacher Konsens? Eine Debatte der politischen Bildung. Bonn: Bundeszentrale für politische Bildung

MEYER, B. (2007): Friedenschancen im Nahen Osten? Bonn: Bundeszentrale für politische Bildung

REUBER, P. (2016): Politische Geographie im Erdkundeunterricht – Möglichkeiten und Perspektiven. In: BUDKE, A. & M. KUCKUCK (Hrsg.): Politische Bildung im Geographieunterricht. Stuttgart: Franz Steiner Verlag.

RHODE-JÜCHTERN, T. & A. SCHNEIDER (2012): Wissen, Problemorientierung, Themenfindung. Im Geographieunterricht. Darin Kapitel 6 und 7: Wie konstruiert man ein Problem? – Eine Sache X und dem Aspekt Y in der Perspektive Z. (=Kapitel 6) und Wie stößt man auf eine lohnende Frage? Sei kreativ! (=Kapitel 7). Schwalbach: Wochenschau Verlag

SCHARVOGEL, M. (2013): Zum Verhältnis von Sozial- und Arbeitsformen und Vermittlungsinteresse im Geographieunterricht. In: KANWISCHER, D (Hrsg.): Geographiedidaktik. Ein Arbeitsbuch zur Gestaltung des Geographieunterrichts. Stuttgart: Gebrüder Borntraeger, 192- 194

SHIBILI, A.: Staub. Zwischen Jerusalem und Ramallah liegt immer der Checkpoint. Eine Erzählung. S. 89- 91

THÜRINGER MINISTERIUM FÜR BILDUNG, WIRTSCHAFT UND KULTUR (2012): Lehrplan für den Erwerb der allgemeinen Hochschulreife. Geographie. Thüringen: Ministerium für Bildung.

WARDENGA, U. (2002): Alte und neue Raumkonzepte für den Geographieunterricht. Geographie heute 23, 200

WEHLING, H-G. (1977): Der Beutelsbacher Konsens: Entstehung und Wirkung. In: SCHIELE S. & H. SCHNEIDER (Hrsg.): Das Konsensproblem der politischen Bildung. Stuttgart.

WINKLER, M. (2016): Verhärtete Subjektivität. Über Grenzen pädagogisch gemeinter Grenzsetzung. In: AHLBECK ET. AL. (Hrsg.): Innere und äußere Grenzen. Psychische Strukturbildung als pädagogische Aufgabe. Gießen: Jahrbuch für psychoanalytische Pädagogik 24

Material M1:

Aufgabe:

Lest den folgenden Text (M1) aufmerksam durch. Und erstellt anschließend einen Zahlenstrahl mit den wichtigsten Ereignissen.

## Entstehung und Entwicklung des Konflikts um Palästina

Der Beginn des Konflikts geht zurück bis in die Zeit 3000 v. Chr. Dieses Zeitalter wird auch als Bronzezeit bezeichnet. Damals fanden zwischen Osteuropa, Nordafrika und Westasien große Völkerwanderungen statt. Zuerst besiedelten zu dieser Zeit die Kanaanäer das Gebiet, indem sich heutzutage Israel und Palästina befindet. Sie gründeten damals das Land Kanaan. Im zweiten Jahrtausend v. Chr. Besiedelten dann zudem die Hebräer oder auch Israeliten genannt, jenes Gebiet. Um 1200 v. Chr. stießen dann noch die seefahrenden Philister, aus deren Namen sich später der Begriff Palästina abgeleitet hat, dazu. Daraus folgte dann endgültig ein Konkurrenzkampf um den Besitz und die Vormachtstellung des Gebietes. 997 v. Chr. schlossen sich dann die israelitischen Stämme zusammen und eroberten unter der Führung von König David das kanaanitische Jerusalem und machte es zum religiösen Mittelpunkt seines Reiches. Unter der Herrschaft seines Sohnes Salomon vermischten sich nun zunehmend diese drei vorherrschenden Kulturen und es kamen noch arabische Einflüsse durch Nomaden hinzu. Nach dem Tod Salomons 926 v. Chr. zerfiel das vorhandene Reich und es etablierte sich das Reich Judea mit Hauptstadt Jerusalem. Dieses überwiegend jüdische Gebiet breitete sich anschließend weiter nach Norden aus und wurde durch einen Ältestenrat mit einen „Hohenpriester" als Oberhaupt. Jedoch kam es dazu, dass es große Rivalitäten um das Amt des Hohenpriesters gab und ein neuer Konflikt entstand. Schließlich griffen 63. v. Chr. die Römer ein und besetzten das Land, welches 70. n. Chr. eine Provinz des römischen Reiches wurde. Diese versklavten die dort lebende jüdische Oberschicht, sodass es auch dazu kam, dass eine Minderheit zum Christentum konvertierte. Durch arabische Eroberungszüge im Jahr 634 kam es dazu, dass das Gebiet von Arabern moslemischen Glaubens besiedelt wurde. Die Mehrheit der dort lebenden „Judäer" wurde in Folge islamisiert. Durch die Kreuzzüge im Hochmittelalter durch das Christentum wurde das Gebiet kurzzeitig von christlichen Seefahren belagert und kontrolliert. Jedoch eroberte Saladin Jerusalem 1187 für den Islam zurück. 1517 wurde Palästina dem osmanischen Reich einverleibt und dies blieb auch bis in die zweite Hälfte des 19. Jh. so bestehen. Nach 1950 folgte jedoch die Auflösung des osmanischen Reiches durch eine Vielzahl von Volksbewegungen und europäische Mächte versuchten Einfluss auf die Gebiete im Nahen Osten zu nehmen, zu dem ebenfalls Jerusalem zählte. Somit kann man sagen, dass der heutige Palästina Konflikt in seinen Wurzeln europäischer Natur ist.

In der Geschichte wurde das jüdische Volk des Öfteren als „Sündenbock" hingestellt und so auch im Zuge der Industrialisierung. Kleinere Unternehmer, vor Allem in Osteuropa, hatten zu dieser Zeit mit einem enormen sozialen Abstieg zu kämpfen und gaben die Schuld den Juden. Diese flohen immer häufiger und es war klar, dass sie einen eigenen Staat zur Sicherung ihrer Kultur und Religion benötigen. 1887 auf dem Basler Gründungsprozess des Zionismus wurde Palästina als Ort der „öffentlich-rechtlichen gesicherten Heimstätte" erklärt. Daraufhin erfolgten im selben Jahr, sowie 1904- 1914 große Einwanderungswellen jüdischer Bevölkerung nach Palästina. Sie bauten sich ihr eigenes System und ihren eigenen Staat rasch auf, auch mit dem Vorteil, dass sie Großbritannien als Verbündeten hatten. 1920 beauftrage der Völkerbund England mit dem Mandat für die Situation der Juden in Palästina, da diese 1918 Palästina ebenfalls erobert hatten. Da die Widerstände rund um Nahost durch israelisch-palästinensische Nationalbewegungen immer größer wurden, gab England das Mandat 1947 an die Vereinten Nationen zurück und es folgten weitere Konflikte zwischen Juden und Arabern. Im selben Jahr kam es zur Gründung der UNSCOP (Kommission der UNO für Palästina) und das Land sollte nach UN- Teilungsplan aufgeteilt werden (Abb.1). Den Juden wurde nun ein Gebiet zugesprochen, dessen Folge die Flucht von ca. 300000 Palästinensern darstellte. Die arabischen Staaten lehnten, im Gegensatz zu den Juden, den Teilungsplan ab und starteten am nächsten Tag militärische Interventionen. Ab diesem Zeitpunkt begann der israelisch- arabische Konflikt und es folgten die sechs israelisch- arabischen Kriege. Der erste Nahost- Krieg fand 1948 bis 1949 statt. Er begann genau einen Tag nach dem Rückzug Englands aus dem Gebiet. Dieser Krieg ging von den arabischen Staaten aus, die den bedrängten Palästinensern zur Hilfe kommen wollten, jedoch endete der Krieg mit einem klaren Sieg Israels, die ihr Staatsgebiet auf 78% des ehemaligen britischen Mandatsgebiets ausweiten konnten. Es folgten Putsche und Instabilität in den arabischen Ländern. Somit war der Westteil Jerusalems israelisch und der Ostteil, sowie die Altstadt in jordanischer Hand. Der zweite Nahost- Krieg folgte 1956, bei dem Israel das Ziel hatte zu expandieren und mit Hilfe von Frankreich und England zu einer Neuordnung des Gebiets zu gelangen. Hierbei übernahmen die Araber Gebiete, die England und Frankreich noch zugeschrieben waren und Israel übernahm arabische Gebiete. Es kam im Endeffekt dazu, dass die UN einschritt und alle Eroberungen rückgängig gemacht wurden. Danach wurden zudem noch UN- Truppen im Gazastreifen stationiert, um eine Pufferzone zu errichten und damit weitere Eskalationen zu vermeiden. Trotzdem folgte der dritte Nahost-Krieg im Jahr 1967. Dieser wurde als 6-Tage-Krieg von Israel bezeichnet und als Juni Krieg von Seiten der arabischen Länder. Hierbei mobilisierten die arabischen Länder alle Streitkräfte, da sie Israel als Staat nicht anerkennen wollten, jedoch kam ihnen Israel zuvor. Somit war das Ende des Kriegs, dass Israel den Gazastreifen, die Sinai- Halbinsel, Westjordanien, sowie Ost- Jerusalem und die Solanhöhen eroberten. Israel schien als unbezwingbare Macht im Nahen Osten und hielt trotz drängen des UN- Sicherheitsrates an den eroberten Gebieten fest. Somit waren jetzt ca. 1,3 Millionen Palästinenser unter israelischer Besatzung. Der vierte Nahost- Krieg folgte 1973 und wird als Oktoberkrieg oder Yom-Kippur-Krieg bezeichnet. Dieser wurde von Ägypten veranlasst um die Sinai- Halbinsel zurück zu erobern. Hierbei unterstützte Russland Ägypten und die USA Israel mit Waffen und Radarsystemen. Am Ende wurde ein Waffenstillstand durch die USA erzwungen um sicherzustellen, dass ein Krieg zwischen beiden Atomar- Mächten ausbrechen könnte. Am Ende kam es wieder zu Geländegewinnen Israels, jedoch wurden diese durch die UN wieder nichtig gemacht. Es wurde eine weitere Pufferzone im Golangebirge im Norden eingerichtet und Ägypten erhielt den Sinai zurück und es kam zu einem Friedensvertrag zwischen Israel und Ägypten. Es folgte die Isolation Ägyptens aus der arabischen Welt und der israelisch-arabische Konflikt schien beendet. Doch dann folgte der fünfte Nahost- Krieg 1982. Diese war ein Krieg den Israel gegen die palästinensischen Aufständigen führte. Hierbei wurden zudem noch 60000 israelische Soldaten in den Libanon geschickt, um Gegenbewegungen zu zerschlagen. Daraus entstanden neue Gegner, wie die Hisbollah. Diese sind libanesisch- schiitisch und befolgten das Ziel israelische Truppen aus dem Südlibanon zu vertreiben und verübten Selbstmordattentate gegen das israelische Militär. Im Jahr 2000 war dann der Südlibanon geräumt, auch durch Druck der Bevölkerung Israels, die diesen Konflikt für unnötig betrachteten. Seit 2002 begann Israel mit der Errichtung einer „Schutzmauer", um sich vor palästinensischen Terrorangriffen, welche jedoch die Palästinenser weiterhin einschränkt und auf ihrem Territorium erbaut ist und somit völkerrechtswidrig ist. Für Israel stellt sie somit eine Sicherheitsmauer dar und für die Palästinenser, die Israelis nicht akzeptieren eine Apartheitsgrenze. 2005 wurde ebenfalls der Gazastreifen durch Israel geräumt. Jedoch folgte 2006 schon der sechste Nahost- Krieg durch den Versuch Israels die Hisbollah militärisch zu entmachten. Diese genannten Terroranschläge sind sehr aktuell. Allein im Jahr 2016 gab es einen Anschlag in Tel Aviv durchgeführt durch Palästinenser, die Israel schaden zu fügen wollten. 2018 sind ungefähr 70% der geplanten Mauer gebaut.

Quelle: eigene Zusammenfassung nach: JOHANNSEN, M. (2009[2]): Der Nahost- Konflikt. Wiesbaden: Verlag für Sozialwissenschaften

## Der UN-Teilungsplan von 1947

|  | qkm | Anteil an der Gesamtfläche | jüdische Bewohner | arabische Bewohner |
|---|---|---|---|---|
| Arabischer Staat | 11.600 | 42,88% | 9.520 | 749.010 |
| Jüdischer Staat | 15.100 | 56,47% | 499.020 | 509.780 |
| Internationale Zone von Jerusalem | 176 | 0,65% | 99.960 | 105.540 |

(Quelle: Walter Hollstein, Kein Frieden um Israel, Frankfurt 1972, S. 157f.)

Material M2:   eigene Darstellung nach: JOHANNSEN, M. (2009[2]): Der Nahost- Konflikt. Wiesbaden: Verlag für Sozialwissenschaften

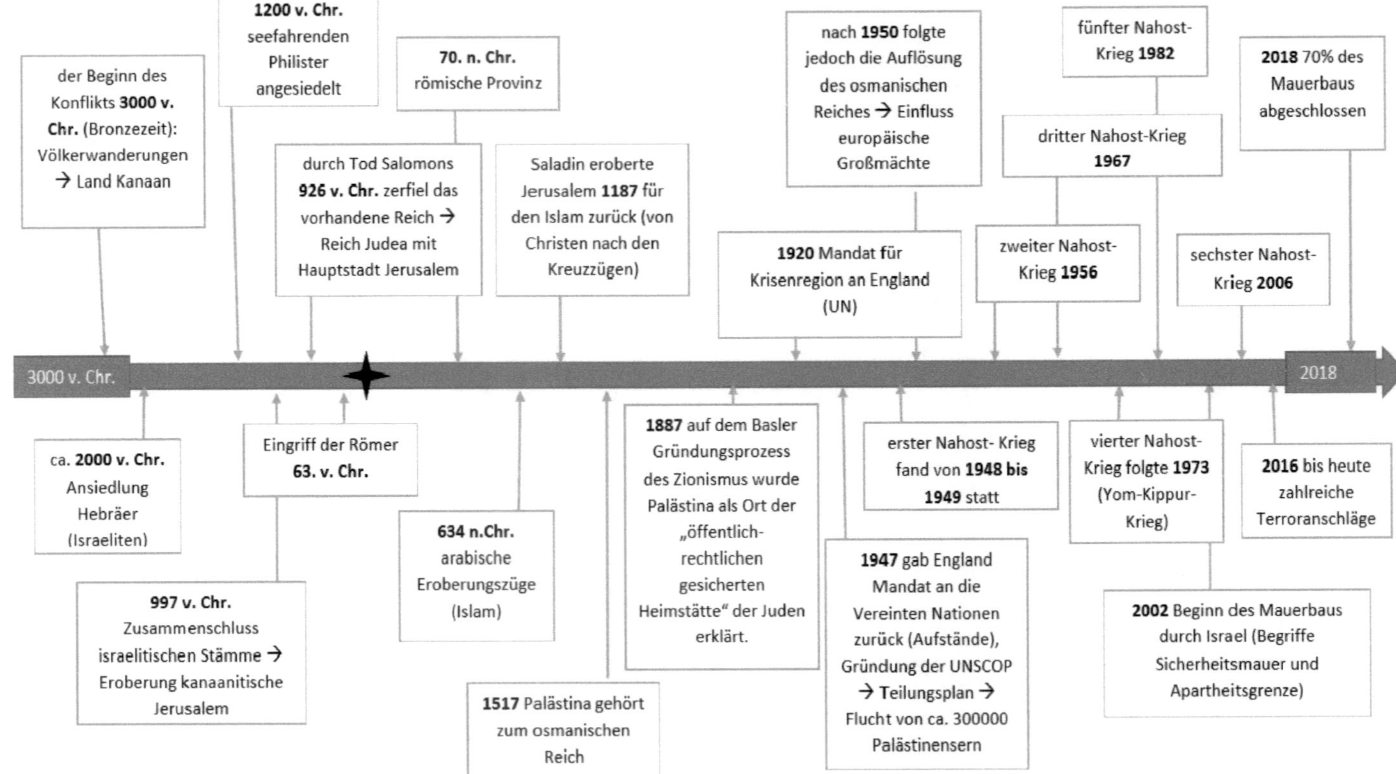

Material M3:

Arbeitsblatt - Station 1

**Konflikt um Wasser: Der Wasserkonflikt und seine Auswirkungen**

Aufgabenstellung:

1. Beschreibt die wirtschaftliche Verteilung unter den Aspekten der naturräumlichen geographischen Lage, des Klimas (s. 1.), der Bodenverhältnisse und der Zufuhr von Wasser. (Atlas (M4) + Quelle M3)

2. Erkläre das folgende Zitat:

*„Ohne wirtschaftliche Erholung sieht die palästinensische Jugend einer düsteren Zukunft entgegen und ihre Verzweiflung gefährdet jedweden Friedensprozess."*

Tipp: In Israel gibt es viel Terrorismus, der von extremer palästinensischer Seite ausgeübt wird.

Material M3: Der Wasserkonflikt
Ein wesentliches Element des territorialen Streits im Nah-Ost-Konflikt ist die Konkurrenz um die lebenswichtige und knappe Ressource Wasser.

Das Gebiet um das Westjordanland und den See Genezareth (Karte 5) sind die bedeutendsten Grundwasservorkommen der Regionen. Es wird von den Grundwasserströmen der Niederschläge über den Bergen des Westjordanlandes gespeist. Währenddessen östliches des Jordans, in seinem semi-ariden Becken, besteht nur eine karge Ausstattung mit Frischwasser.
Die Zugehörigkeit der Gebiete mit Wasserressourcen, wie z.B. die Golanhöhen und damit die Kontrolle des Wasserzuflusses des See Genezareth, sind politisch umstritten.
Jedoch sichert Israel sich über die Hälfte seiner Wasserversorgung durch die Kontrolle besetzter Territorien. Weiterhin pumpt das israelische Brunnensystem 80% des Grundwassers ab. Die Verteilung des Grundwassers verhält sich daher asymmetrisch. Aber gerade für die palästinensische Bevölkerung ist das Jordanland die einzige Wasserquelle. Israel nutzt die Kontrolle über die Wasserzufuhr als politisches Druckmittel.

(eigene Zusammenfassung nach: JOHANNSEN 2009[2]:66ff)

Material M4: Die Wirtschaft Israels und Palästina (=Westjordanland) (nach: http://www.bpb.de/internationales/asien/israel/45164/karten (Zugriff:25.06.2018)

Oder Wirtschaftskarte dieser Region, mit Beschriftung, wo sich Israel und Palästina befinden, als Hilfe für die Schüler

Material M5: eigene Darstellung

**Erwartungshorizont**

I.

- Wirtschaftszentren hauptsächlich in Israel: entlang Mittelmeerküste, totes Meer und um Jerusalem, Tel Aviv, Berscheva
- Häfen, Im- und Export
- Jerusalem ist Knotenpunkt
- um Landschaften mit guter Wasserversorgung Land-, und Forstwirtschaft
- Nablus und Hebron kleinere Wirtschaftszweige in Westjordan
- im Süden kaum Wirtschaft, trockene Wüste
- im Westen teilweise Land-, Forstwirtschaft, dann Halbwüste

2.

- trotz finanzieller Unterstützung, rapider Rückgang der palästinensischen Bevölkerung
- Staat fehlen erheblich Gelder
- kann naturräumlich schlechte Lage nicht ausgleichen
- soziale Einrichtungen und können teilweise nicht mehr getragen werden
- Löhne können nicht mehr bezahlt werden
- Städte und Dörfer werden aufgegeben
- nur durch Unterstützung der arabischen Staaten Gesundheitsversorgung weiter gesichert
- Verarmung des Landes und der Bevölkerung
- Israels Umgang mit Ressourcen verstärkt Probleme

Material M6: eigene Darstellung

Arbeitsblatt – Station 2
**Konflikt um Territorien: Die israelischen Siedlungen und die palästinensischen Flüchtlinge**

**Aufgaben**
1. Nennt die Gründe der zionistischen Siedler. (Quelle M7)
2. Beschreibe die rechtliche Situation der palästinensischen Flüchtlinge (Quelle M8).

Material M7: israelische Siedlungen (www.sueddeutsche.de/politik/siedlungsbau-was-man-ueber-die-israelischen-siedlungen-wissen-sollte-1.3379622-2 (Zugriff:26.06.2018)

Material M8: Flyer über palästinensische Flüchtlinge

(http://www.kas.de/wf/doc/kas_7231-1442-1-30.pdf?120726112550

(Zugriff:26.06.2018)


Material M9: eigene Darstellung

**Erwartungshorizont**

I.

- die Grundstücke hätten zum Zeitpunkt der Besiedlung niemandem gehört
- 1/3 ideologisch motiviert
- Genuss staatlicher Subventionsprogramme
  - 10% der israelisches Bevölkerung widmen ihr ganzes Leben dem Studium der Thora, auf finanziell Unterstützung des Staates angewiesen
- religiös motiviert
- politisch motiviert
  - Staatsgebiet zu schmal, muss vergrößert werden


2.

- für die palästinensischen Flüchtlinge wurde ein gesondertes Regime geschaffen
- da gesonderte Position: kein Rechte und Freiheiten umfassender Religionsfreiheit, Besitzrechte, kein Zugang zu Gerichten, kein Schutz vor unzulässigen Arbeitsbeschränkungen, keine Grundschulausbildung und keine Ausweißpapiere
  - keine Reparationskosten
  - keine Begünstigung einer permanenter Lösungen wie Rücksiedlung, Umsiedelung und Integration

Material M10: eigene Darstellung

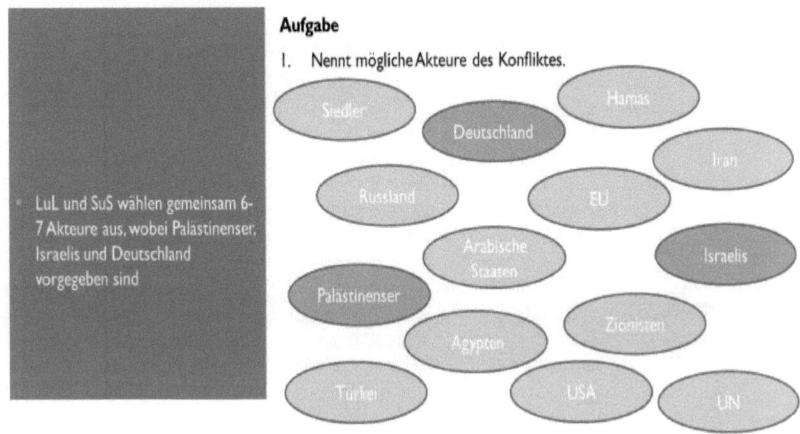


Materialsammlung M11:

1. Israel:    www.palestinefacts.org/pf_current_security_fence.php
   (Stand:23.10.2004)

   Und
   www.seamzone.mod.gov.il/Pages/ENG/route.htm  (Stand: 02.07.2004)

2. Palästina: Magret Johannsen. Der Nahost- Konflikt, 2. Auflage: S.95ff

3.  Deutschland – Europa: Zusammengefasst aus: JOHANNSEN, M. (2009[2]): Der
Nahost- Konflikt. Wiesbaden: Verlag für Sozialwissenschaften. 127- 132

„Die Lösung des israelisch-arabischen Konflikts ist für Europa eine strategische Priorität"
heißt es in der „Europäischen Sicherheits- strategie", die der Europäische Rat am 13. Dezember 2003 in Brüssel verabschiedete.

Darüber hinaus aber haben die europäischen Staaten ein eigenes Interesse an Stabilität in der
unmittelbaren Nachbarregion entwickelt. Denn der Nahost-Konflikt war in den 1970er Jahren
zum Sicherheitsproblem auch Europas geworden.

Das zusammenwachsende Europa ist denn auch seit Jahrzehnten um eine tragfähige Lösung
des Konflikts zwischen Israel und den Palästinensern bemüht. Von Anfang an standen die
Europäer dabei allerdings im Schatten der USA. Die USA waren ihrerseits darauf bedacht, in
ihrer Rolle als Vermittler im Nahost-Konflikt keine Konkurrenz aufkommen zu lassen, und
Israel wünschte ebenfalls keine politische Rolle Europas im Nahost-Konflikt.

Die EU ist im Grundsatz für die Gründung eines unabhängigen Staates Palästina. Jenseits
aller Differenzen zwischen den EU- Staaten, was die Akzente ihrer Nahost-Politik angeht,
verbindet sie doch das gemeinsame Interesse an Stabilität in der Nachbarregion und die
Einschätzung, dass dazu ein tragfähiger Frieden im israelisch-palästinensischen Konflikt von
Nöten ist.

So erklärt sich, dass die EU und ihre Mitgliedstaaten sich in herausragender Weise finanziell
engagierten, um den Friedensprozess zu fördern. Von 1994 bis 2007 belief sich die
Unterstützung für die Palästinensische Autonomiebehörde und palästinensische Nicht-
Regierungsorganisationen, humanitäre Hilfe für die Flüchtlinge und grenzüberschreitende
Friedensprojekte auf rund 7,5 Milliarden Euro.

Gegenüber Israel setzt die EU auf den Ausbau der Beziehungen, in der Hoffnung, damit ihren
Positionen zu einer Konfliktlösung in Israel Gehör zu verschaffen. So beschlossen die Außenminister der EU-Mitgliedsstaaten im Dezember 2008, die Beziehungen mit Israel vertie-
fen zu wollen (Council of the European Union 2008). Durch den Ausbau der Beziehungen
würde Israel an den Außenministertreffen beteiligt, die drei Mal im Jahr stattfinden. Der jeweilige EU-Ratspräsident hätte ferner die Möglichkeit, israelische Diplomaten zu Sicher-
heitstreffen der Botschafter einzuladen. Dafür verlangten die Außenminister, dass der
jüdische Staat den Palästinensern und den arabischen Staaten entgegenkomme, und bestan-
den auf einer Zweistaatenlösung für den israelisch-palästi- nensischen Konflikt. Aber noch
nie ist die EU so weit gegangen, die Privilegierung Israels an Bedingungen – z.B. eine Ein-
stellung des Siedlungsbaus – zu knüpfen.

4.  USA: Zusammengefasst aus: JOHANNSEN, M. (2009[2]): Der Nahost- Konflikt.
Wiesbaden: Verlag für Sozialwissenschaften. 120-126

Die Vorstellung, dass die USA im Nahen Osten Frieden schaffen könnten, wenn sie nur wollten und sich entsprechend engagierten, ist weit verbreitet. Sie stützt sich auf die Auffassung, dass die USA über konkurrenzlose Machtressourcen verfügen, auf Grund derer ihnen auch die Beendigung des nahöstlichen Jahrhundertkonflikts gelingen könnte. Die Realität ist jedoch komplizierter. [...] Der Präsident und die Ministerien ziehen nicht immer an einem Strang, die Mitglieder des Kongresses müssen die öffentliche Meinung berücksichtigen, Interessengruppen und so genannte Denkfabriken nehmen Einfluss auf die Politiker. Die Medien verfolgen das Geschehen und die amerikanische Politik im Nahen Osten besonders aufmerksam.

Für die erstrangige Bedeutung des Vorderen Orients in der amerikanischen Außenpolitik gibt es eine Reihe von Gründen, von denen die folgenden drei das Engagement der USA im Nahost- Konflikt nachhaltig beeinflussen: Erstens ist die Region aufgrund ihrer immensen Erdölvorräte von vitaler Bedeutung für die westlichen Industriestaaten. Die USA sind bereit, den ungestörten Erdölfluss aus dieser Region zu moderaten Preisen notfalls auch mit militärischen Mitteln sicherzustellen. Zweitens besteht zwischen den USA und Israel eine „special relationship", auf Grund derer die USA dem jüdischen Staat de facto garantieren, im Falle einer existenziellen Bedrohung für seine Sicherheit einzustehen. Und drittens betrachten die USA die arabischen Staaten als einen Raum, von dem aus der internationale Terrorismus die nationale Sicherheit der USA bedroht, wie die Anschläge am 11. September 2001 zeigten. Sie nahmen sich darum vor, in den arabischen Staaten politische und wirtschaftliche Reformen anzustoßen, um den Nährboden für den internationalen Terrorismus auszutrocknen.

Seither greifen die USA dem Staat Israel auch finanziell massiv unter die Armee. Die staatlichen Finanzhilfen, von denen über die Hälfte Schenkungen sind, betragen etwa drei Milliarden Dollar im Jahr.

Die strategische Allianz zwischen den USA und Israel kommt einer Existenzgarantie für den strategisch verletzlichen jüdischen Staat gleich. In dieser Konstellation wurzelt die Rolle der USA als dominierender extra-regionaler Akteur im israelisch-palästinensi- schen Konflikt. Auch die Palästinenser akzeptieren diese Rolle. Denn sie wissen, dass allein die USA in der Lage sind, Israel ein Friedensabkommen zu Konditionen abzuverlangen, welche die Palästinenser als die schwächere der Konfliktparteien von sich aus nicht durchsetzen können

Zusammenfassend ist festzustellen, dass die USA in ihrem Engagement im israelisch-palästinensischen Konflikt drei Prinzipien folgen: Erstens können und sollten die USA den Frieden nicht stär- ker wollen als die Konfliktparteien selbst; zweitens können sie den Parteien keine Lösung aufzwingen und sollten auch davon abse- hen, einen amerikanischen Plan zur Lösung des arabisch-israeli- schen Konflikts vorzulegen; drittens können dauerhafte Fortschrit- te nur durch direkte Verhandlungen zwischen den Konfliktparteien erreicht werden; die Rolle der USA sollte darin bestehen, förderli- che Rahmenbedingungen für eine Einigung zu schaffen. Das könn- te bedeuten, dass die USA sich auf das Management des Konfliktes beschränken, um gegebenenfalls Schaden für ihre eigenen Interessen im Vorderen Orient zu begrenzen.

5.  UNO: zusammengefasst aus: JOHANNSEN, M. (2009[2]): Der Nahost- Konflikt. Wiesbaden: Verlag für Sozialwissenschaften. 134- 137

Die Vereinten Nationen bietet den Palästinensern ein Forum, wo sie ihre Ansprüche völkerrechtlich begründen konnten, anstatt mit Gewalt und Terror auf ihr Schicksal aufmerksam zu machen.

Sie nimmt wichtige Aufgaben wie die Betreuung von Flüchtlingen, die Überwachung von Waffenstillstandsabkommen und die Anprangerung von Völkerrechtsverletzungen wahr. Sie stellt das einzige internationale Forum dar, vor dem die Palästinenser der Weltöffentlichkeit ihr Anliegen auf Anerkennung ihrer legitimen Rechte als Nation darlegen können. Die Vollversammlung der Vereinten Nationen verabschiedete am 13. März und am 25. April 1997 zwei Resolutionen, in denen Israel mit überwältigender Mehrheit aufgerufen wurde, von den Bauplänen Abstand zu nehmen. Doch die Vollversammlung kann, anders als der Sicherheitsrat, keine bindenden Beschlüsse fassen, sondern nur kritisieren oder empfehlen. Auf der anderen Seite muss man jedoch feststellen, dass die UNO, auch durch die Mitwirkung der USA, häufig Entscheide zu Gunsten Israels fällte. Diese stehen seit je her hinter Israel und haben in der UNO ein großes Veto- und Mitentscheidungsrecht.

6. Hamas:

- *Quelle: 1Hamas: www.tagesschau.de/ausland/hintergrund-hamas100.html*

Die Hamas ist seit März 2007 „Staatspartei" Palästinas. Sie ist aus einer Muslimbruderschaft entstanden, welche die Wiederbelebung der ursprünglichen islamischen Werte als Lösung des Territoriumskonflikt ansah. Die Hamas steht für die Befreiung des ganzen historischen Palästina und der Errichtung eines islamischen Staates. Sie etablierte sich 1987 mit der ersten Intifada (= Folge von schweren Terroranschlägen auf Israel). Diese vielfachen Terroranschläge führen häufig zu harschen Gegenmaßnahmen der Israelis und erschweren den Friedensprozess.

*Quelle: 2Hamas: zusammengefasst aus: JOHANNSEN, M. (2009[2]): Der Nahost- Konflikt. Wiesbaden: Verlag für Sozialwissenschaften.*

7.  Zionisten: zusammengefasst aus: JOHANNSEN, M. (2009[2]): Der Nahost- Konflikt. Wiesbaden: Verlag für Sozialwissenschaften. 6ff

> 1887 auf dem Basler Gründungsprozess des Zionismus wurde Palästina als Ort der „öffentlich-rechtlichen gesicherten Heimstätte" erklärt. Daraufhin erfolgten im selben Jahr, sowie 1904- 1914 große Einwanderungswellen jüdischer Bevölkerung nach Palästina. Sie bauten sich ihr eigenes System und ihren eigenen Staat rasch auf, auch mit dem Vorteil, dass sie Großbritannien als Verbündeten hatten. Der Zionismus ist somit eine Vereinigung, welche sich als Ziel gesetzt hat der jüdischen Bevölkerung auf der ganzen Welt eine Heimat zu bieten. Deshalb unterstützen sie den Bau der Mauer, da sich Israel „vor den feindlichen arabischen Ländern und Palästina schützen muss"

8.  Arabische Staaten (allgemein):

> Alle arabischen Staaten sahen die Zukunft Palästinas auch immer als eigen Sache an, da sie die gleiche Religion, Sprache, Heiligstätten des Islams in Jerusalem und gemeinsame Kolonisationserfahrungen aufzuweisen haben. Deshalb kann man sagen, dass die arabischen Staaten größtenteils mit den Palästinensern gleichzusetzen sind, auch wenn die arabischen Staaten durch das eigene Territorium Israels und Palästinas teilweise ungeklärte Staatszugehörigkeit, die Palästinenser teilweise unter Druck setzen können und diese somit größtenteils „in der Hand" haben.

M11 – 2

9.  Siedler (israelische und palästinensische → Text 1 und 2 zusammen)
    M11 – 1
    M11 – 2

10. Russland: Quelle: https://www.deutschlandfunk.de/israel-russlands-vielseitige-nahost-diplomatie.795.de.html?dram:article_id=356391 (Zugriff:26.06.18)

11. Ägypten:

> Grundsätzlich vertritt Ägypten eine ähnliche Meinung wie die arabischen Staaten, da es selbst zu denen gehört. Aber hierbei gibt es einige Besonderheiten. Ägypten ist das Bevölkerungsreichste und politisch einflussreichste Land der arabischen Staaten. Durch die Annäherung Ägyptens an die USA nach dem vierten Nahost- Krieg erfolgte der vorrübergehende Ausschluss aus der arabischen Welt und sie mischten sich als treibende Kraft in den Friedensprozess zwischen Israel und Palästina ein. Hierbei erzielten sie einige Friedensbeschlüsse, die leider nur von kurzer Dauer waren. Trotz alledem herrscht zwischen Israel und Ägypten nur ein „kalter Frieden" und sie stehen weiterhin auf der Seite der arabischen Staaten, wenn auch mit mehr westlichen Einfluss.

M11 – 2

12. Iran und Türkei:

M11 – 8

M11 – 2


Material M12: Arbeitsblatt zu Konfliktpunkten. In: DÜRR, H. (2005): Sicherheitswall oder Apartheitsmauer? In: Praxis Geographie Nr.3.

Dazu hört man von den verschiedenen Seiten sehr unterschiedliche Auffassungen. Vierzehn davon sind hier aufgelistet:

**1** Wenn radikale Palästinenser Israel aus dem Gazastreifen mit Raketen beschießen, muss die israelische Armee dorthin zurückkehren können, um das zu unterbinden.

**2** Israel braucht einen starken Schutzwall gegenüber dem Westjordanland, um terroristische Übergriffe zu verhindern.

**3** Hamas ist und bleibt eine Terrororganisation. Sie darf Palästina nicht regieren.

**4** Frieden kann es nur geben, wenn Israel sich hinter die Grenzen von 1967 zurückzieht und den Staat Palästina im Gazastreifen und Westjordanland mit Ost-Jerusalem als Hauptstadt anerkennt.

**5** Israel wird seine großen Siedlungen im Westjordanland nicht aufgeben.

**6** Das gesamte ehemalige Mandatsgebiet Palästina ist arabisch. Ein jüdischer Staat hat hier keine Existenzberechtigung.

**7** Die Hamas-Regierung ist demokratisch gewählt und hat daher auch das Recht, die Autonomiegebiete zu regieren.

**8** Israel muss die Mauer, die es um das Westjordanland baut, wieder abreißen.

**9** Hamas muss Israels Existenzrecht genauso anerkennen, wie dies 1993 die PLO in Oslo getan hat.

**10** Nachdem Israel alle Siedlungen im Gazastreifen aufgegeben hat, sollte es dies auch im Westjordanland tun.

**11** Es gibt schon einen Palästinenserstaat, nämlich Jordanien. Da ist Platz genug, um alle im Gazastreifen und dem Westjordanland lebenden Palästinenser aufzunehmen und am besten auch gleich die arabischen Bürger Israels.

**12** Palästina braucht eine wirkliche Unabhängigkeit von Israel, d.h. offene Grenzen zu Ägypten und Jordanien und zum Mittelmeer.

**13** Solange Israel auf palästinensischem Gebiet Siedlungen unterhält, werden sich die Palästinenser auch mit Waffengewalt gegen Israel wehren.

**14** Die Vereinten Nationen sollten eine Blauhelmtruppe an die Grenzen zwischen Israel und dem künftigen Palästina schicken.

→ Außerdem sollte:

* **Priorität = Vorrang**

Material M13: Karikatur – Sicherheitswall oder Apartheitsmauer? (https://www.wallstreet-online.de/diskussion/500-beitraege/1140372-501-1000/60-jahre-israel-herzlichen-glueckwunsch (Zugriff:16.06.2018))

## Aufgaben

1. Schaut euch folgende Karikatur an und beschreibt zunächst was zu sehen ist
2. Interpretiert und beurteilt nun diese Karikatur mit dem zuvor erlernten Wissen. Wie lässt sich die Leitfrage: „Sicherheitsmauer oder Apartheitsgrenze" auf diese Karikatur und damit allgemein auf den Konflikt beziehen?

Material M14: eigene Darstellung

## Erwartungshorizont

1.

- Schriftzug „Allah ist groß" auf Bombengürtel, welche von 3 großen Menschen in Sandaletten getragen werden
- Schriftzug „Die Juden sind unsere Hunde" auf deren Hosen
- westliche Sozialisten steht auf einer Schlange, die aus der Hose der Menschen kommt, die Bombengürtel tragen
- gegenüber steht kleiner Mann mit Boxhandschuhen und Juden- Stern auf dem Rücken und Kappe auf
- Bildunterschrift: „60 Jahre Israel und ein windiger Gratulant"
- Sprechblase der Schlange

2.

- jüdischer Mann repräsentiert Israel und die 3 großen die muslimischen Nachbarstaaten
- 3 großen muslimischen Staaten rund um Israel → Bombengürtel → Terrorgefahr → Sicherheitsmauer (Israel)
- Spruch „Die Juden sind unsere Hunde" → Rassismus → Apartheitsmauer (arabische Länder)
- westliche Sozialisten zeigen Israel, dass sie zufrieden sein sollen → Gratulation eher wie Drohung
- arabische Länder erkennen Israel und deren Religion nicht an
- kleiner Israeli wehrt sich, scheint aber gegen den Terror keine Chance zu haben
- wahrscheinlich von Israeli oder Israel- Sympathisanten gezeichnet, um schlechte Lage Israels zu zeigen

*Auf Grund der Datenschutzrichtlinien konnten die Bilder und Texte aus dem Internet nicht als Screenshot eingefügt werden!! Mit den Bildern ergeben sich 44 Seiten, die für den Unterricht verwendet werden können. Auf der einen Seite zur Auswertung und um zu hinterfragen mit welchem Lernziel man dieses Thema in der 12. Oder 13. Klasse behandelt. Auf der anderen Seite als Materialien und Auswertungen für die gegebenen Aufgaben.*

*Bei Fragen bzgl. der gegebenen Links bitte eine Mail an: felix.busch@uni-jena.de*

*Vielen Dank.*

# BEI GRIN MACHT SICH IHR WISSEN BEZAHLT

- Wir veröffentlichen Ihre Hausarbeit,
  Bachelor- und Masterarbeit

- Ihr eigenes eBook und Buch -
  weltweit in allen wichtigen Shops

- Verdienen Sie an jedem Verkauf

Jetzt bei www.GRIN.com hochladen
und kostenlos publizieren